n° 8.

RAPPORT

SUR LES

INSECTES NUISIBLES A LA VIGNE,

EXTRAIT

DES MÉMOIRES

de la Société d'agriculture, commerce, sciences & arts du département
de la Marne, pour 1842.

Par M. DAGONET,

Médecin en chef, directeur de l'Asile public d'aliénés de Châlons-sur-Marne, membre de plusieurs Sociétés savantes, des Sociétés académiques de Châlons et de Reims, et du Comice agricole du département.

CHALONS,
IMPRIMERIE DE BONIEZ-LAMBERT.
—
1843.

RAPPORT

SUR LES

INSECTES NUISIBLES A LA VIGNE,

EXTRAIT

DES MÉMOIRES

de la Société d'agriculture, commerce, sciences & arts du département de la Marne, pour 1842.

Par M. DAGONET,

Médecin en chef, directeur de l'Asile public d'aliénés de Châlons-sur-Marne, membre de plusieurs Sociétés savantes, des Sociétés académiques de Châlons et de Reims, et du Comice agricole du département.

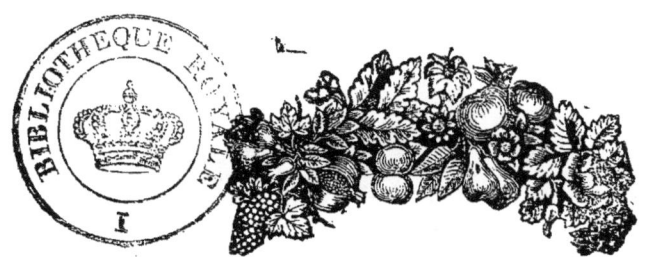

CHALONS,

IMPRIMERIE DE BONIEZ-LAMBERT.

—

1843.

INSECTES NUISIBLES A L'AGRICULTURE,

OBSERVÉS EN 1841 ET EN 1842.

RAPPORT

SUR UNE COMMUNICATION RELATIVE AUX RAVAGES DE LA TEIGNE

DE LA VIGNE (*COCHYLIS OMPHACIELLA*),

Dans la commune de Verzenay,

Fait à la Société d'agriculture, commerce, sciences & arts du département
de la Marne ;

Par M. G. DAGONET,

Médecin en chef, directeur de l'Asile public d'aliénés de Châlons-sur-Marne, membre de plusieurs Sociétés savantes, des Sociétés académiques de Châlons et de Reims, et du Comice agricole du département.

Messieurs,

M. le Préfet du département vous a renvoyé, sous la date du 19 octobre précédent, deux lettres qui lui ont été adressées par M. Verlé, négociant à Reims, relativement aux ravages exercés par des vers sur les vignes de l'arrondissement qu'il habite, et notamment sur celles de la commune de Verzenay. Ce magistrat appelle sur ces dévastations l'attention et la sollicitude de la Société, qui rendrait, dit-il, un véritable service aux pays viticoles, si elle pouvait indiquer les moyens de détruire des insectes si nuisibles. Désireux de faire à M. le Préfet une réponse aussi précise que possible, M. le président nous a remis les pièces soumises à votre examen, et nous nous sommes associé, comme nous devions le faire, à ses intentions dans ce rapport, que nous commencerons par l'analyse des deux lettres de M. Verlé.

Cet honorable négociant, dans une direction d'idées des plus louables, informe M. le Préfet qu'une perte immense est résultée de la présence des vers dans nos vignobles; immense en effet, puisque, d'après un calcul qu'il croit exact, elle se monte de 3 à 400,000 fr. pour la seule commune de Verzenay.

Il expose que ce désastre a excité de vives alarmes parmi les propriétaires, qui réclament, de la part de l'autorité administrative, des mesures dont l'efficacité serait douteuse, si l'application n'en était prescrite d'une manière générale et absolue.

Dans une seconde lettre en réponse à une demande de renseignements nouveaux, M. Verlé propose plusieurs moyens pour la destruction des insectes dont il signale les dommages; il émet l'avis de la nomination, par le Préfet, d'une commission composée de spécialités, surtout de personnes influentes dans les vignobles, et pouvant prêcher d'exemple, pour préparer et assurer l'exécution des mesures arrêtées par l'autorité compétente. Ce dernier conseil vous paraîtra très-judicieux. En effet, si le devoir de l'autorité est d'être prompte et active dans des circonstances bien connues et bien déterminées, elle ne peut user de trop de réserve et de prudence dans celles où elle ne connaît bien, ni l'ennemi qu'elle a à combattre, ni les mesures qu'il faut lui opposer; ce qui lui arrive assez généralement, lorsqu'il s'agit d'insectes nuisibles à l'agriculture.

Votre devoir à vous, Messieurs, pour répondre à la confiance du magistrat qui vous consulte, est de vous attacher à donner aux documents qu'il attend la précision et l'exactitude que l'importance de la matière comporte. Si vous n'êtes point assez heureux pour atteindre le but qu'il propose à vos efforts, la destruction *de plano* des insectes nuisibles à la vigne, vous aurez déjà bien mérité de lui et des graves intérêts dont il se préoccupe, si les renseignements que vous lui adresserez sont de nature à servir de guide à nos propriétaires, à les diriger dans des recherches ultérieures, dans des investigations qui leur sont commandées par un intérêt aussi puissant que l'est aujourd'hui la culture de la vigne dans le département de la Marne.

Je m'attacherai donc dans ce rapport :

1° A déterminer l'espèce, les mœurs et les habitudes en général de l'insecte signalé ;

2° A examiner si les craintes des propriétaires de vigne à son égard ne sont point exagérées ;

3° A rechercher la valeur des moyens proposés pour sa destruction et celle des autres insectes nuisibles à la vigne, dont nous dirons quelques mots.

Indépendamment des renseignements que vous trouverez ailleurs, vous savez, Messieurs, que vous avez chez vous-mêmes et dans vos publications des années précédentes, des matériaux abondants pour la solution des questions que nous venons de poser.

Déterminer l'espèce, les mœurs et les habitudes en général de l'insecte signalé.

Les dévastations de l'automne de 1841 ne sont que la répétition de celles que vous avez suivies et observées soigneusement en 1837. Elles ont fait l'objet de plusieurs rapports, dont le résumé a été consigné dans une notice publiée dans le recueil de vos travaux pour cette dernière année (1).

Elles paraissent s'être étendues cette fois un peu moins généralement, quant au nombre des localités ravagées, mais avec plus d'intensité, quant à celles atteintes par le fléau; il nous sera facile d'expliquer la différence de gravité des dommages. La perte des récoltes de Verzenay, doit être rapportée à la larve d'un papillon de très-petite taille, connu des naturalistes sous le nom de teigne de la vigne ou de la grappe (*Bosc*), rattaché au genre cochylis de Treitske par Audouin, désigné sous les noms spécifiques de Ambiguella (Hubner), Uvella (Vallot), et plus anciennement sous celui d'Omphaciella ομφαξ (grappe, ou plus généralement, fruit vert), par Faure-Biguest et Sionnet (2).

Nous adoptons, avec l'auteur de l'histoire de la pyrale nouvellement éditée, cette dernière dénomination.

---

(1) Notice sur les dégâts occasionnés dans le cours de l'année 1841, par quelques insectes, particulièrement sur les dévastations opérées dans les vignobles du département par la teigne de la vigne.

(2) Mémoire sur quelques insectes nuisibles à la vigne.
Lyon, an x (1801).

Les vignerons de la Bourgogne appellent cette larve *ver rouge*, les nôtres lui donnent le nom de *ver de la vendange ;* ceux d'Ay, en particulier, la distinguent fort bien d'une autre larve beaucoup plus redoutable à leur contrée, à laquelle ils donnent le nom de *ver de l'été ;* celle-ci, de couleur vert pâle, appartient à un autre papillon dont le nom a retenti dans ces dernières années : la Pyrale, *Pyralis vitis* (Bosc). Il faut se garder de confondre, comme le fait le correspondant de M. le Préfet, cette dernière espèce avec la Teigne de la vigne, à laquelle seule doivent être rapportés les désastres de Verzenay.

M. Verlé donne quelques détails sur les insectes auxquels il attribue la reproduction des vers.

« Ce sont, dit-il, de petits papillons blancs qui
» déposent au moment de la floraison de la vigne, leurs
» œufs dans la fleur même du raisin. La fleur se re-
» ferme sur le germe et le ver se forme dans chaque
» grain de raisin ; il s'y développe et en sort lorsque,
» à la maturité, le jus l'en chasse. Le ver se fixe en-
» suite sur l'échalas, se couvre d'une espèce de colle
» imperméable, passe ainsi son hiver, en se conver-
» tissant en chrysalide, laquelle à son tour devient
» papillon au printemps. »

Vous reconnaissez, Messieurs, ici des observations, dont les unes sont exactes, dont les autres ont besoin d'être rectifiées.

Le papillon de la *Teigne de la vigne* paraît à deux époques, à la mi-mai et à la mi-août. Par conséquent, il y a, dans la même année, deux générations de cet insecte, dont on trouve dans nos contrées la larve occupée à dévaster la grappe à la fin de juin et au commencement de septembre.

Prenons-le à sa première période :

Si l'on parcourt les vignes qui ont été infestées à l'automne précédent, on y rencontre en abondance, vers le 20 mai, quand la saison est chaude et avancée, un petit papillon de 7 à 8 millimètres de longueur, dont les ailes supérieures sont d'un blanc jaunâtre, café au lait, avec une bande noire transversale, laquelle, envisagée isolément sur chaque aile, a une forme triangulaire. Lorsque le papillon est en repos, les deux triangles se réunissent entre eux sur la ligne moyenne, par leur sommet qui est tronqué. Il en résulte une sorte de selle étroite au milieu, mais dont les panneaux sont élargis. Il y a encore à la partie postérieure des ailes supérieures quelques points noirs presque invisibles à l'œil nu.

La première génération de ce papillon attaque la jeune grappe quelques jours après la floraison; sa larve, à la seconde génération, exerce ses ravages dans la grappe à l'époque de la maturité, et y détermine quelquefois la pourriture, qui vient augmenter le dommage produit par l'insecte.

Suivons maintenant, à partir de l'époque que nous avons prise pour point de départ, les développements et les transformations successives de la *Teigne de la vigne*.

« Une fois éclos, le papillon dépose ses œufs,
» tantôt sur les bourgeons naissants de la vigne, tan-
» tôt sur les nouvelles grappes, tantôt sur la peau
» même du raisin; ils sont d'une petitesse extrême,
» et disposés en petites plaques analogues, quant à
» la forme, aux pontes de la pyrale; la forme de ces

» œufs est ovalaire et leur couleur est d'un gris
» terne pâle (1). »

La larve ne tarde point à éclore : c'est une petite chenille couleur lie de vin ; des plaques ou espaces lisses, émettant chacun un poil de la couleur du corps, et distribués par rangées sur les anneaux, lui donnent à la première vue un aspect pointillé. Il doit avoir son refuge (je n'ai encore, à cet égard, que des présomptions, assez fondées pourtant) entre les folioles qui entourent la grappe nouvelle ; il attend là, sans prendre de nourriture et sans se développer, le moment de la floraison qui, dans nos contrées, a lieu du 20 au 30 juin. Ses ravages dans la grappe en verjus, sont d'assez courte durée. Il est vraisemblable qu'il se réfugie sur les échalas pour s'y envelopper, comme à l'automne, d'un cocon étroitement appliqué sur le bois ; le nouveau papillon éclot au mois d'août, et fait sa ponte qui donne le ver signalé dans les grappes en septembre.

A cette dernière période, le ver se comporte à l'égard de la récolte qu'il détruit, de deux manières différentes. Il reste jusqu'à la vendange dans l'intérieur de la grappe ; c'est alors que la pourriture se développe, et qu'à l'instar de la sauterelle de l'Ecriture, elle détruit ce que le ver avait épargné ; c'est ce qui est arrivé en 1841 ; ou bien le ver quitte brusquement la grappe, alors la pourriture ne survient pas ; c'est ce qui a eu lieu en 1837. Si le ver était chassé de la grappe par la maturité, par le jus où il risquerait de se noyer, comme

---

(1) Audouin. Histoire des insectes nuisibles à la vigne, et particulièrement de la pyrale.
Paris. Fortin-Masson et Cie., 1842.

le croient encore généralement les vignerons (1), il n'y aurait pas de raison pour qu'il eût fait en 1837 une retraite plus précipitée qu'en 1841.

Les larves des insectes ont une organisation bien différente de celle des animaux des classes supérieures; leur délicatesse apparente résiste beaucoup mieux que le vulgaire ne le suppose aux circonstances qu'il sait fatales aux êtres animés, mieux connus de lui. Nous aurons occasion de revenir un peu plus tard sur cette réflexion.

La différence dans les conditions atmosphériques, suffit seule pour expliquer les deux manières dont les vers de la vigne se sont comportés aux deux époques dont nous faisons le rapprochement.

En 1837 il est survenu un refroidissement brusque de la température, des gelées blanches et des brouillards vers le 20 septembre; dès le 25, les vers étaient réfugiés sous leur abri imperméable, pour me servir de l'expression fort juste de M. Verlé.

En 1841, il y a eu continuation de chaleur et d'humidité, deux conditions également favorables à la persistance du ver dans la grappe, et au développement de la pourriture.

Examiner si les craintes des propriétaires de vignes, à son égard, ne sont point exagérées.

Je passe, Messieurs, à l'examen de la seconde ques-

---

(1) Le ver rouge de la vigne n'occupe point l'intérieur des grains du raisin, il n'est point dans ses habitudes de s'y renfermer tout entier, on le trouve ordinairement au centre de la grappe, il enveloppe de sa toile plusieurs grains qu'il attaque l'un après l'autre en n'y faisant entrer le corps qu'à moitié ou aux deux tiers.

tion que je me suis proposé de développer. Un examen attentif des conditions atmosphériques des cinq années que nous venons de passer, réunies à l'étude suivie qui a été faite pendant cette période, de l'insecte qui nous occupe, nous permettra de rassurer les propriétaires sur les craintes d'une multiplication croissante pour l'année 1842, des vers qui leur ont été si nuisibles dans le cours de celle qui nous occupe.

La Teigne de la vigne a été observée dans un grand nombre de localités, elle offre en cela une différence avec la Pyrale qui affecte des localités exclusives.

Ce dernier insecte, dont il a été question si souvent en 1837 et 1838, exerce des ravages non interrompus pendant plusieurs années. Les vignes de la Romanèche et des Thorins, dans le Mâconnais, étaient en 1837 la proie de ce fléau, depuis onze années consécutives. Les vignobles de Dizy, Ay et Mareuil ont seuls, dans le département de la Marne, le triste privilége d'avoir, à diverses époques, vu s'y multiplier la Pyrale dont la larve a fait un tort considérable aux récoltes pendant la période de 1820 à 1830, sans les auéantir complétement néanmoins, comme à des époques plus reculées. Pour retrouver à Ay le caractère de généralité et d'intensité du fléau dans le Mâconnais, il faut remonter à une période de sept années, de 1779 à 1786. Ce que je vais en dire a été recueilli par un des plus anciens et des plus respectables propriétaires d'Ay, M. Lasnier, lequel, dans sa jeunesse, avait pris l'habitude de consigner sur son livre d'office, l'indication des événements qui intéressaient la contrée. On y trouve les détails suivants qui portent le cachet d'une scrupuleuse exactitude. Nous les reproduisons ici, parce que nous croyons qu'il est possible d'en tirer des inductions importantes pour la solution de la troisième question dont nous nous sommes proposé l'examen.

« En 1779 et 1780, les vers (vers de l'été, larves de la Pyrale) infestèrent le territoire de Dizy (1), dans la dernière année il y eut grande récolte à Ay; en 1781, ils s'avancèrent jusqu'à la contrée de Voselles, à mi-chemin de Dizy à Ay. A leur entrée sur le territoire de cette commune, en 1782, ils gagnèrent les Gouttes-d'Or et Cheverues, qui furent le centre de leurs ravages. En 1783 tout le territoire d'Ay était envahi; au mois de juin la vigne n'y avait pas une seule feuille, les hautes vignes seules étaient respectées. En 1784, le fléau envahissait le territoire de Mareuil, les vers quittaient celui d'Ay. Les premières contrées attaquées, Dizy, Voselles, Goutte-d'Or et Cheverues, en étaient complétement débarrassées.

« Au printemps de l'année 1785, la paroisse d'Ay dirigea ses processions des Rogations, le mardi, par la contrée de Cheuzelle, qui confine au territoire de Mareuil; le lendemain, mercredi, la procession fit le tour de l'autre côté, c'était une pieuse constatation que la commune d'Ay était encore une fois débarrassée d'un ennemi si nuisible à ses précieuses récoltes. »

Remarquons ici, sauf à tirer parti de cette observation un peu plus loin, que pendant cette même période eurent lieu des dévastations semblables dans le Mâconnais. Ce fut en effet en 1787, que l'abbé Rober-

---

(1) Il est bon de rappeler que les trois communes de Dizy, Ay et Mareuil sont dans la position respective où je viens de les nommer, sur une ligne droite de 6 kilomètres d'étendue du nord-ouest au sud-est.

jot, curé de Mâcon, proposa d'allumer de grands feux en plein air, dans les vignes, pour y attirer et y détruire le papillon de la Pyrale.

La Teigne, au contraire de la Pyrale, ne sévit pas d'une manière continue. Elle a fait beaucoup de mal dans ce département en 1837 ; elle a été peu remarquée pendant les années 1838, 1839 et 1840. Si elle a reparu en 1841, c'est que des circonstances atmosphériques toutes particulières, et qui constituent une véritable anomalie dans nos contrées, ont favorisé sa multiplication.

On se rend compte facilement des causes auxquelles il faut attribuer la permanence de la Pyrale dans les localités qu'elle a affectées. Si les larves des insectes, particulièrement celles qui hivernent, résistent à des températures très-abaissées ; il n'en est pas de même à l'état parfait. Les papillons surtout ont besoin pour le temps de leur accouplement, et pour leur ponte, d'une température spéciale. Une température sèche et chaude convient à la Pyrale ; elle affectionne les localités où, par une disposition du terrain, la chaleur se réfléchit et se concentre. Sa fécondation a lieu dans le mois où ces conditions de la température sont régulières et normales.

La Teigne, au contraire, paraît avoir besoin de chaleur, d'ombre et d'humidité. Il faut pour une propagation excessive qu'elle trouve ces conditions à deux époques de l'année, en mai et ne août. Le mois de mai dans nos contrées est ordinairement humide ; mais il est froid. Si les conditions normales du mois d'août sont d'être chaud, en revanche cette chaleur s'accompagne ordinairement de sécheresse. En outre, à moins d'une humidité très-grande en septembre, on a vu par ce qui précède que les ravages de la pourriture ne sont point à redouter.

Il résulte enfin de cette comparaison entre les deux principaux ennemis de la vigne que la Teigne est le moins redoutable, et qu'il faudrait des conditions tout-à-fait singulières et bien insolites de la température pour que ses ravages se répétassent pendant plusieurs années (1).

Rechercher la valeur des moyens proposés pour sa destruction, et celle des autres insectes nuisibles à la vigne.

Bien que la science, dirigée par un esprit de consciencieuse observation, doive user d'une sage réserve, d'une défiance raisonnable à l'égard des moyens proposés pour la destruction des insectes nuisibles à l'agriculture, elle irait infailliblement à l'encontre du but qu'elle doit se proposer, si elle paralysait les efforts des cultivateurs et des propriétaires pour se défendre contre des fléaux destructeurs de leur industrie et de leurs espérances.

Ce serait pour nous, Messieurs, en particulier, nous démentir nous-mêmes, nous relâcher de notre activité quotidienne contre la routine et l'inertie.

---

(1) Depuis la lecture de ce rapport (novembre 1841), l'expérience est venue confirmer cette opinion et corroborer les développements dont elle s'appuie. Le vignoble de Verzenay a été dédommagé en 1842, par la qualité de ses récoltes, leur écoulement et le prix qu'il en a obtenus, de ses pertes de l'année précédente. Si les vers ont paru encore dans quelques contrées, leurs dévastations ont été insignifiantes.

Nous examinerons donc l'un après l'autre les procédés proposés par M. Verlé.

Le premier consiste, au lieu de réunir les échalas en tas ou moies, pendant l'hiver, à les coucher sur le sol. On a ainsi l'espérance que le froid et l'humidité détruiront la chrysalide renfermée dans son étui.

Vous pressentez, Messieurs, par ce que nous avons déjà laissé entrevoir dans cet exposé, que ce moyen n'aurait aucune efficacité, et que les rigueurs et les vicissitudes de l'hiver ne feraient tort qu'aux échalas ; en effet, divers observateurs, parmi lesquels je me contenterai de citer Réaumur et M. le professeur Audouin, dont la mort récente a excité parmi vous, comme chez tous les amis de la science, une douleur profonde, ont soumis des chenilles à un froid artificiel de beaucoup supérieur aux abaissements extrêmes de la température dans notre climat : elles y ont constamment résisté. Des chenilles de Pyrale soumises à cette épreuve, par M. Audouin, ont été congelées au point de se casser comme du bois sec ; exposées ensuite à une température douce et tiède, on les a vues reprendre leurs mouvements et redevenir aussi vivaces qu'avant l'expérience.

Un second moyen se fonde sur une observation vulgaire, celle d'où est venue le proverbe : *se brûler comme un papillon à la chandelle*.

Roberjot, plus connu par l'attentat au droit des gens, dont il a été victime à Rastadt, que par quelques recherches d'histoire naturelle qui ont occupé les loisirs de sa cure de Mâcon avant la révolution, avait proposé d'allumer de grands feux la nuit pour y attirer et y brûler le papillon de la pyrale. M. Audouin, dans ses actives recherches et dans ses expériences multipliées pour remédier aux ravages de la pyrale dans le Mâconnais, a modifié ce procédé, en posant des lampions allumés sur des plateaux enduits de saindoux. Le papillon, voltigeant autour de la mèche en ignition, finissait par demeurer attaché au plateau. M. Audouin a opéré par ce moyen la destruction d'un grand nombre de femelles. Néanmoins, il ne le regarde pas comme infaillible, il n'y attache même pas une grande importance (1).

Pour obtenir quelques succès de feux allumés dans les vignes, on conçoit que le temps doit être doux et très-calme, que le procédé sera inapplicable encore par la pluie et par le clair de lune; qu'il faut enfin des conditions atmosphériques spéciales qui ne se rencontreront guères, ou, au moins, qui manqueront souvent au moment opportun.

Le sieur Vessel, charron à Ambonnay, a voulu remédier à l'inconvénient de voir le vent éteindre les lampions; il propose de les enfermer dans des caisses en bois, percées d'un grand nombre de trous et enduites à l'extérieur d'un corps gras; il conseille de les élever au moins à un mètre du sol; il donne à la caisse 1 mètre de longueur et 50 centimètres dans ses deux autres dimensions.

Il est fort douteux que la lumière ainsi renfermée répande assez d'éclat pour attirer les phalènes nuisibles à la vigne; d'ailleurs, en supposant qu'on trouve le moyen d'entretenir une vive lumière, si l'atmosphère n'est chaude et calme, il n'y a rien à attendre de feux allumés : en effet, si la température est abaissée, si

---

(1) Ouvrage cité, chap. 4, pag. 242-251.

le ciel est nuageux, s'il pleut, s'il fait du vent, le papillon se tient à l'abri sous les feuilles de la vigne et ne circule pas dans l'air.

Notre tâche, Messieurs, après ce que nous venons d'exposer, n'est point accomplie : il reste à nous acquitter de sa partie la plus difficile, la plus épineuse.

Nous avons fait la critique des moyens divers proposés pour la destruction de la Teigne ; quels conseils la Société croira-t-elle devoir donner, sans compromettre sa responsabilité, sans craindre de voir ses avis repoussés à leur tour par l'expérience de nos vignerons, sans risquer enfin de perdre à leurs yeux l'importance attribuée volontiers aux réunions qui s'occupent du bien public, et qui, si elles veulent atteindre le but de leur institution, ont besoin de conserver tout leur crédit ?

Les considérations dans lesquelles je vais entrer, vous prouveront, je l'espère, combien j'avais à cœur de ménager les divers intérêts que comprend la question qui nous occupe ; nos agriculteurs viticoles n'y trouveront que de simples conseils, ou pour mieux m'exprimer, des indications, aussi précises pourtant qu'il m'a été possible. Il dépendra d'eux, par leur activité, par une pratique qui s'améliorera, en puisant de nouvelles lumières dans l'observation, de transformer ces indications en prescriptions absolues.

La Teigne de la vigne est plus accessible dans l'hiver que dans tout autre saison aux moyens qui pourraient être tentés pour sa destruction ; alors que les nymphes ou chrysalides de la seconde génération sont renfermées dans des cocons dont les échalas des vignes infestées sont parsemés. On peut profiter de la connaissance acquise aujourd'hui de cette habitude de l'insecte pour se débarrasser d'un grand nombre de chrysalides : il s'agit d'exposer les bâtons ou tuteurs à une température assez élevée pour les tuer.

On a proposé pour cela plusieurs procédés.

1° De passer au four les échalas rapportés des vignes. Ce transport nécessairement serait difficile, long et dispendieux.

2° De les immerger dans l'eau bouillante. Ce moyen, dont nous ne contestons pas l'efficacité, soulève à peu près les mêmes objections que le précédent.

3° De passer sur place les bâtons à la flamme.

La Société a indiqué, en 1837, un procédé pour passer au feu un grand nombre de tuteurs à la fois ; il consiste à réunir quatre bâtons fichés en terre, en carré, à 80 centimètres environ de distance, par quatre autres disposés en traverse à deux tiers de leur hauteur ; à placer à l'intérieur du carré un certain nombre d'échalas, le gros bout en bas, et inclinés de dehors en dedans, à en placer à l'extérieur un même nombre inclinés de dedans au dehors, et le gros bout en haut, à remplir tous les vides et à entourer l'extérieur de matières dont la combustion sera rapide. On peut ainsi flamber cinq cents bâtons à la fois.

Nous persistons à regarder ce dernier procédé comme le meilleur et le plus facile de tous ceux proposés.

Mais est-il certain qu'un grand nombre de larves n'aient pas été prendre leur poste sur les souches mêmes des vignes infestées? C'est un fait qu'il est très-facile aux vignerons de vérifier, et, dans le cas de l'affirmative, je ne sais s'il n'y aurait pas moyen de dresser de jeunes enfants, et de leur faire nettoyer le cep avec une brosse rude, en recueillant soigneusement sur un linge le détritus qui se détache, ou en écrasant la nymphe dans sa coque avec un instrument approprié. C'est là une pratique bien minutieuse sans doute pour être appliquée en grand ; mais je n'en parle, comme de toutes les autres d'ailleurs, que comme matière à expériences.

A ce titre, j'en recommanderais un troisième.

Je suis fondé à penser que le ver de la cochylis de la grappe, ou Teigne de la vigne (je me sers indifféremment de ces deux dénominations), sort de l'œuf dans nos vignobles vers le 6 juin, un peu plus tard que dans ceux de l'Est et du Midi. La floraison chez nous a lieu communément à la Saint-Jean (24 juin), c'est le moment de l'apparition des vers dans la jeune grappe. Il s'agirait de s'assurer si les folioles qui entourent les bourgeons du cep ne renferment pas le ver de la teigne qui y prendrait son réfuge, comme le fait celui de la pyrale, une quinzaine plus tôt. Une double pratique a été mise en œuvre contre ce dernier insecte : 1° Le pinçage, qui consiste à écraser le ver en pinçant les bourgeons soupçonnés de les recéler ; 2° le mouchage ou écimage par lequel on enlève le bourgeon attaqué. On a soin, dans l'une et l'autre pratique, de respecter les folioles qui entourent la grappe naissante : il est facile de reconnaître les bourgeons où la larve de la pyrale a pris son domicile du moment. L'est-il autant de reconnaître celui de la Teigne ? C'est encore un fait sur lequel il est bon d'appeler l'observation de nos vignerons (1).

―――――――――――――

(1) M. Félix Quinet, vigneron à Chavot, a remis à la Société,

Toutes les pratiques contre la Teigne de la vigne, dont nous venons de parler, sont applicables et ont été plus particulièrement appliquées à la destruction de la Pyrale.

Bien que ce papillon si dangereux dans les vignobles où il vient à se multiplier, n'ait point été très-nuisible aux nôtres depuis longues années, et qu'il ne s'y soit jamais signalé par de grands désastres que dans la contrée de Dizy, Ay et Mareuil, je rappelle ici que j'ai démontré la présence permanente de la pyrale à l'état d'individu isolé dans les vignes d'Ay et dans celles de Cramant et d'Avize ; elle existe vraisemblablement dans d'autres localités ; elle est donc pour nos viticoles un fantôme menaçant dont ils doivent conjurer l'apparition en s'attachant à la détruire partout où ils la rencontreront sous ses trois états de papillon, d'œuf et de larve, qu'ils doivent s'habituer à reconnaître à la première vue.

Le papillon de la Pyrale est gris jaunâtre, à reflets plus ou moins dorés ; les ailes antérieures, jaune pâle sont glacées de vert doré avec une tache brune à la base et trois bandes de même coloration, transversales, obliques ; les deux supérieures sinuées, la troisième droite. Ces taches, ces bandes, ainsi que le reflet des ailes supérieures, sont très-affaiblies ou presque nulles dans la femelle ; celle-ci est plus

---

dans le cours de l'année 1842, une note sur l'échenillage de la jeune grappe, quinze jours après la floraison.

Cette opération, qu'il a mise en pratique en 1841 et en 1842, ne coûterait, à son avis, que 50 francs par hectare ; elle se fait à l'aide d'un instrument approprié, d'une sorte de pince à six dents avec laquelle le ver rouge est saisi et percé.

grande que le mâle, elle a quatorze millimètres de longueur de l'extrémité des palpes à celle de l'abdomen

En général les proportions du papillon de la Pyrale sont doubles de celui de la Teigne.

La Pyrale n'a qu'une seule génération par année : elle éclot à la fin de juillet, elle dépose en août des plaques d'œufs bien apparentes sur la page supérieure des feuilles de la vigne.

Dans la dernière quinzaine d'août, éclot des œufs déposés sur les feuilles une petite larve d'un vert jaunâtre, condamnée dès sa naissance à un jeûne prolongé ; elle quitte la feuille et va se réfugier sur l'échalas ou sur le cep, s'y abrite sous un cocon presque imperceptible, y passe l'hiver et le premier printemps. Au mois de mai on la trouve dans l'intérieur des folioles des bourgeons en voie de développement. Le maximum de ses ravages a lieu vers la floraison.

Comme la chenille de la Pyrale est polyphage, on la rencontre souvent sur les plantes cultivées ou agrestes qui végètent auprès des vignes. M. Audouin l'a trouvée sur des pommes de terre, à Argenteuil ; je l'ai trouvée à Ay sur le chardon des champs (*cirsium arvense*).

La larve de la pyrale, dans son plus grand développement, a de deux à trois centimètres de longueur ; sa coloration a des nuances variables, du vert au jaune pâle.

A la fin de juin elle passe à l'état de chrysalide, que l'on trouve jusqu'à l'éclosion du papillon, au milieu d'une agglomération de la grappe et des feuilles flétries ou desséchées, et réunies en une masse informe au moyen d'une toile soyeuse qu'a filée l'insecte au moment de se transformer.

On peut donc attaquer la pyrale sous quatre états différents : sous celui de chenille, en passant à la flamme, au four et à l'eau bouillante les échalas pendant l'hiver; en pinçant les bourgeons ou en écimant la vigne au printemps; sous celui de chrysalide, en l'épluchant au commencement de juillet ; sous celui de papillon, en allumant des feux à la fin du même mois ; enfin à l'état d'œufs, en cueillant les feuilles sur lesquelles les plaques sont déposées. Ce procédé est préconisé comme le meilleur par M. Desvignes, propriétaire du Maconnais ; et, après lui, par M. Audouin, qui relate ses expériences, ainsi que celles qui lui sont propres dans l'ouvrage que nous avons cité, et auquel nous renvoyons nos lecteurs comme au traité le plus spécial sur la matière.

Un de nos correspondants, M. d'Herbès, décédé depuis la première rédaction de mon rapport, avait envoyé à la Société, en 1827, un emporte-pièce en fer-blanc, destiné à séparer de la feuille la partie que recouvre le couvain; il paraît préférable et plus prompt d'enlever toute la feuille.

Il y a des choses qui ne saurait être trop répétées. J'ai dit ailleurs, et je le redis ici : que la destruction des insectes nuisibles à l'agriculture dépendra surtout de la connaissance que le cultivateur aura de leurs mœurs, de leurs habitudes, du mode de leur reproduction ; — qu'il est nécessaire pour lui d'apprendre à reconnaître ses ennemis partout où il les rencontrera, de manière à pouvoir les détruire en détail et à l'état d'individus isolés ; — que ce qui a le plus contribué à discréditer, à toutes les époques, les mesures prescrites ou conseillées dans l'intérêt des cultures désolées par quelque fléau du genre de celui que ce rapport a pour objet, c'est que les mesures ne sont jamais prises qu'en présence d'une multiplication prodigieuse des espèces nuisibles, contre lesquelles viennent alors échouer nécessairement l'intelligence et l'activité humaines ; et, dans ces circonstances mêmes, l'agriculteur doit savoir qu'il a pour auxiliaires d'autres insectes qui vivent aux dépens des espèces dévastatrices, de manière à pouvoir ménager les uns en poursuivant les autres. Il doit aussi bien apprécier les causes atmosphériques qui peuvent influer sur leur propagation, et ne point prendre le change, comme il le fait encore trop souvent, sur ce qui, dans la nature, lui est avantageux ou nuisible (1).

Le service le plus positif que la science puisse rendre à l'agriculture dans les limites du sujet que nous traitons, c'est évidemment de propager toutes ces connaissances, qui sont de nature encore à amener dans le champ de l'observation les personnes les plus in-

---

(1) Nous engageons nos lecteurs à consulter l'ouvrage de feu M. Victor Audouin, cité plusieurs fois dans le cours de ce rapport. L'histoire des insectes nuisibles à la vigne n'abonde pas seulement en détails scientifiques ; on y trouve aussi des développements pratiques abondants, et de magnifiques planches qui rendent cet ouvrage précieux pour toutes les classes de lecteurs. Dans l'intérêt de ceux qui ne seraient pas à même d'y recourir, nous en avons extrait deux planches de figures lithographiées : la première représente les quatre espèces les plus nuisibles à la vigne ; la seconde est destinée à faire reconnaître diverses espèces carnassières dont la présence dans les vignes devra être regardée comme aussi favorable que l'apparition des autres est de mauvais présage.

(*Voir l'explication détaillée de chaque planche.*)

téressées, et conséquemment les plus propres à en tirer parti pour des applications pratiques.

La Teigne et la Pyrale ne sont pas les seules espèces nuisibles à la vigne qui puissent être détruites à l'état d'individus isolés, et en détail, au moyen d'une connaissance exacte de leurs mœurs et de leurs habitudes.

L'Attelabe, vulgairement la Cunche : *Rynchites Betuleti* (1), se nourrit à l'état d'insecte parfait, et vers la fin de mai du parenchyme des feuilles. Le tort qu'il fait à ce moment à la vigne est peu considérable ; mais dans le cours du mois suivant, la femelle prête à pondre, entaille le pédoncule de la feuille et la fait ainsi tomber perpendiculairement au sol, en restant suspendue à la tige. L'attelabe alors attaquant une à une les nervures de la feuille parvient à en rouler les cinq

---

(1) .... *populi*, Audouin.

Les raisons qui ont déterminé le savant et regrettable auteur de l'histoire de la pyrale à donner le nom de *Rynchites populi* à l'insecte figuré dans cet ouvrage (*pl.* 21, *fig.* 12 et 13) me sont encore inconnues. Cette espèce pour moi, ainsi que pour la plupart des entomologistes qui s'en sont occupés sous le rapport pratique, se rattache au *Becmare vert* de Geoffroy, au *Curculio Betulae* de Linnée, à *l'Attelabus betuleti* de Fabricius. La phrase spécifique de ce dernier semble concluante : *Corpore viridi aurato, subtus concolore*, en opposition avec celle de *l'Attelabus populi* : *corpore viridi-ignito, subtus atro-cœrulescente*. Une troisième espèce, *Curculio-Bacchus* (Linné) est ainsi caractérisée par Fabricius : *Aureus, rostro, plantisque nigris*. Ce qui a contribué à jeter de la confusion dans la synonimie de ces trois espèces, c'est que toutes trois vivent sur le bouleau ; c'est encore que la dernière a reçu le nom spécifique de Bacchus, qui ne conviendrait bien exactement qu'à l'espèce *subtus concolor*. Celle-ci, chez nous, dans le département de la Côte-d'Or, dans le Lyonnais, et vraisemblablement partout, est la seule connue des vignerons, sous les noms de cunche, d'urbec, de bêche, de lisette, d'albire, etc., selon la contrée.

lobes, alternativement en sens contraire. Il prépare ainsi un abri pour ses œufs et le berceau de la larve qui doit en éclore. Celle-ci trouve l'aliment qui lui est convenable dans le parenchyme de la feuille flétrie et à demi-desséchée.

L'Eumolpe (*Eumolpus vitis*, Latr.), vulgairement le Gribouri, à l'état parfait, ronge les feuilles sur lesquelles il fait, de place en place, des découpures, qui ont une ressemblance grossière avec des caractères d'écriture, ce qui, dans quelques contrées, a fait donner à cet insecte le nom d'écrivain. Le Gribouri, quand il est très-multiplié, attaque aussi les grains du raisin ; ses dommages alors sont plus considérables ; toutefois, c'est seulement à l'état de larve qu'il est très-nuisible. Celle-ci vit aux dépens des racines de la vigne qu'elle dévore près du collet. Ce qui est singulier, c'est qu'elle ne soit point encore connue des naturalistes ; elle ne paraît avoir été figurée nulle part.

Le Gribouri, dans nos contrées, passe pour attaquer de préférence les vignes encore jeunes, les plants de dix à douze ans ; celles qui ont été vendangées par un temps pluvieux sont encore exposées, dit-on, à le voir s'y multiplier ; enfin, selon l'opinion de quelques personnes, il s'attacherait surtout aux vignes déjà malades. Toutes ces opinions ont besoin d'être vérifiées ; la seconde est assez vraisemblable et s'explique aisément.

Le piétinement d'une vigne par un temps pluvieux a nécessairement pour effet de faire pénétrer l'eau dans le sol qui, sous les pieds du vendangeur, s'agglomère en mottes que la gelée soulève. Le bêchage qui suit est moins facile et moins régulier. Les racines sont plus facilement accessibles à l'eumolpe, pour y déposer ses œufs, et à sa larve, pour y trouver sa subsistance.

L'opinion qu'une maladie antérieure, en affaiblissant la force végétative de la plante, y a attiré le gribouri repose, selon toute probabilité, sur des faits mal observés. Elle ressemble fort à celle des forestiers qui, voyant d'abord quelques arbres dépérir, et remarquant plus tard que les branches en sont attaquées par un grand nombre d'insectes de la famille des *Xylophages*, sont naturellement amenés à croire qu'une cause secrète a déterminé le dépérissement de l'arbre, pour la destruction duquel les insectes ne seraient qu'une cause accessoire. Voici pourtant ce qui est arrivé : quelques couples d'insectes sont venus prendre leur domicile sur l'arbre de leur préférence; comme ils sont en petit nombre, leur présence et leurs dommages n'y sont pas remarqués. Les femelles ne tardent point à déposer sous l'écorce leurs œufs, germes nombreux d'une population de larves qui creusent leurs galeries dans la substance du végétal. Attaqué au centre de la place, l'arbre dépérit sous les atteintes de ces légions de mineurs secrets et ignorés; l'année d'après, les branches sont rongées par l'insecte à l'état parfait, dont la multiplication révèle alors un envahissement en apparence de nouvelle date, mais qui, en réalité, remonte à plusieurs années. M. Audouin avait recueilli sur ces faits du domaine de l'économie forestière, des observations curieuses qui sont demeurées en porte-feuille.

Il doit en être du Gribouri comme des insectes dont je viens de parler, ses larves ont envahi le collet de la vigne et affaibli sa force végétative, avant que l'Eumolpe, à l'état parfait, ait été assez multiplié pour être remarqué.

C'est ainsi que presque toujours une croyance trop facile à des causes vagues, mal déterminées, fait dévier l'observation du point vers lequel elle devrait se fixer. La science ici intervient efficacement, en indiquant le but qu'il faut viser, souvent difficile à atteindre, tout en visant juste; impossible de toute nécessité sans une bonne direction.

Un insecte fort commun ici comme aux environs de Paris, le *Charençon de la Livéche* (*Otiorynchus Ligustici*) est signalé encore comme nuisible à nos vignes, dont il ronge le bourgeon à l'état parfait, et peut-être les racines à l'état de larve. Comme il est sans ailes, il se tient à terre et l'extrémité de ses élytres est le plus souvent couverte de boue, ce qui lui a fait donner par nos vignerons le nom de *cul-crotté* (1); ils y joignent quelquefois l'épithète de *Grand*, pour le distinguer d'une espèce plus petite l'*Otiorynchus picipes*. M. Audouin a figuré, parmi ses insectes nuisibles, une espèce congénère : l'*Otiorynchus sulcatus*.

Il en est de tous ces insectes comme des deux espèces de papillons, dont nous avons parlé d'abord. Il n'y a contre eux à imaginer qu'une guerre de détail, dont les moyens doivent entrer dans les façons régulières d'une culture très-soignée. Par exemple, après la floraison, vers la fin de juin, au moment de lier la vigne, il est nécessaire que le vigneron enlève avec exactitude les feuilles roulées qui recèlent les œufs et les larves de l'Attelabe.

Les Charançons et l'Eumolpe paraissent peu faciles

---

(1) En Bourgogne, ces insectes et d'autres de la même famille sont désignés sous le nom de *perdis*.

à attaquer sous ces deux formes, ils le sont peut-être davantage à l'état d'insecte parfait.

L'Eumolpe se laisse tomber des feuilles sur lesquelles il se tient, à la moindre secousse, ou lorsqu'il entend du bruit. On a mis à profit la connaissance de cette habitude, en plaçant sous le cep envahi, une corbeille garnie de feuilles auxquelles l'insecte s'attache en tombant, ou bien en embrassant le cep dans une fente pratiquée à un entonnoir surbaissé en fer-blanc qui aboutit à un sac dans lequel tombe le gribouri, que la surface lisse de l'entonnoir empêche de remonter.

Ces appareils peuvent être mis en usage contre l'Attelabe et contre les Charençons. Ces derniers ont l'habitude de se rassembler sous terre au pied du cep ou de la tige de quelques plantes cultivées dans les vignes, telles que les fèves de marais. On a proposé de multiplier cette plante, dans le seul dessein de donner la chasse aux insectes au moment opportun, pour les trouver rassemblés, dans le cours de juin (1). Ce moyen est anciennement connu et anciennement recommandé ; il ne s'est pas propagé, par défaut de succès sans doute, comme beaucoup d'autres.

Néanmoins, je suis disposé à croire à la possibilité de se servir avec fruit de ce partage de certaines espèces nuisibles, entre la plante qu'on veut préserver et d'autres végétaux sans importance et dont la végétation est plus prématurée. Ainsi, pour la vigne, des pommes de terre plantées autour des moyères dès les premiers jours du printemps, pourraient attirer les

---

(1) Communication de M. Berteaux, vigneron à Monthelon.

chenilles de pyrales, qui sont polyphages. Un sarclage, vers le 15 mai, en détruirait un grand nombre.

Je n'ai pas besoin de dire qu'il faut emporter soigneusement de la vigne, et brûler sur-le-champ, ou enfouir à une grande profondeur toutes les herbes ramassées par le sarclage, et en général tous les détritus de la culture.

Tous ces soins, trop minutieux peut-être pour être introduits dans toutes les localités où se cultive la vigne, sont praticables chez nous plus que partout ailleurs.

La culture de la vigne est, dans le département de la Marne, tout-à-fait en rapport avec la qualité et l'importance de ses produits. Nulle autre part ce précieux arbuste n'y reçoit plus de façons et elles ne lui sont données avec plus d'attention que dans nos vignobles d'élite, parmi lesquels nous mettrons en première ligne à cet égard le vignoble d'Ay (1).

Des pratiques spéciales, et précisément du genre de celles auxquelles nous voudrions qu'on s'attachât partout, y ont été tentées à diverses reprises contre la pyrale, et, avec succès, nous le croyons; nous ne pouvons mieux terminer ce rapport qu'en relatant les faits sur lesquels notre opinion est fondée.

En 1785, à l'époque où, comme nous l'avons rapporté plus haut, le vignoble d'Ay était ravagé par le Ver de l'été, la vigne fatiguée produisit très-peu dans les contrées débarrassées des vers; celles

---

(1) Il nous a paru opportun de joindre à ce rapport des renseignements sur la manière dont la vigne est cultivée à Ay. Nous les devons, avec plusieurs documents dont nous avons profité pour ce travail, à M. Royer, vice-secrétaire archiviste de la Société, qui, à notre prière, a bien voulu les aller recueillir sur les lieux mêmes.

(*Voir plus loin*, page 34).

qui étaient encore en proie au fléau, après l'avoir été l'année d'avant, ne produisirent rien du tout. Un seul propriétaire, M. Janson, obtint une récolte; il fit pincer les jeunes pousses occupées par les vers, lorsque la vigne avait trois ou quatre feuilles; il répéta cette opération une seconde fois, lorsqu'elle avait sa hauteur; il récolta de quoi payer les frais de cette opération, qui eut du moins le résultat d'avoir préservé ses vignes du tort que fait à la plante la perte de ses feuilles et de lui ménager des récoltes pour les années qui suivirent.

L'exemple de M. Janson a été suivi pendant plusieurs années. S'il eut été donné de prime-abord, et si cette pratique avait été adoptée ou prescrite d'une manière générale, il est permis de croire que le dommage eût été prévenu, ou qu'il eût été bien moins considérable.

Une prescription qui date de la révolution, celle de rapporter les brous ou rognures provenant de l'épamprement, qu'on abandonnait autrefois sur les chemins, a été l'objet d'une disposition réglementaire de police, en vigueur aujourd'hui; nous en rappelons les termes :

« Défense est faite de jeter des herbes et des brous de vigne sur les chemins (1). »

Cette prescription devrait être formulée en termes moins vagues; elle devrait comprendre l'injonction de brûler sur place les herbes du sarclage et les pousses retranchées de la vigne. Il est arrivé en effet, plusieurs fois, que des treilles et des arbres fruitiers ont

---

(1) Article 90 du règlement de police, délibéré par le Conseil municipal d'Ay, le 26 septembre 1834, approuvé par le Préfet, le 25 mai 1835.

été ravagés par des chenilles, ou couverts de papillons provenant des chrysalides de la Pyrale, rapportées dans les cours et enclos de la commune avec les herbes et les brous qu'on y avait abandonnés sur les fumiers. On cite entre autre un prunier de *reine-claude* dépouillé de ses feuilles dans l'espace de huit jours ; ce fait n'a rien d'étonnant, rapproché des observations multipliées qui attestent que la larve de cet insecte est polyphage.

Des règlements de police locale, appropriés dans leurs dispositions pour la destruction des insectes nuisibles à des besoins reconnus par une observation judicieuse, approuvés par l'administration sur l'avis des sociétés agricoles, suppléeraient à ce qu'a de défectueux la loi du 26 ventôse an xii et à son inefficacité (1).

Nous terminons ce rapport que nous n'avons pas craint d'étendre, et auquel nous avons beaucoup ajouté depuis sa première lecture, par une remarque

---

(1) En voici les principaux articles :

« Art. 1er. Dans la décade de la publication de la présente loi, tous propriétaires, fermiers, locataires ou autres, faisant valoir leurs propres héritages ou ceux d'autrui, seront tenus, chacun en droit soi, d'écheniller ou faire écheniller les arbres étant sur lesdits héritages, à peine d'amende, qui ne pourra être moindre de trois journées de travail, et plus forte de dix.

Art. 2. Ils sont tenus, sous les mêmes peines, de brûler, sur-le-champ, les bourses et toiles qui sont tirées des arbres, haies ou buissons, et ce, dans un lieu où il n'y aura aucun danger de communication de feu, soit pour les bois, arbres et bruyères, soit pour les maisons et bâtiments.

....

Art. 6. Dans les années suivantes, l'échenillage sera fait, sous les peines portées par les articles ci-dessus, avant le 1er ventôse. »

En circonscrivant ainsi les mesures prescrites par la loi de l'an iv, à une seule saison et à un seul moyen, ses auteurs n'ont guères de nature à encourager le zèle des propriétaires et des vignerons, nous ne disons pas seulement d'Ay, mais de tous nos vignobles.

De 1780 à 1787, les vignes d'Ay ont été ravagées par la Pyrale, comme celles de la Côte-d'Or, du Mâconnais, du Lyonnais, et celles d'Argenteuil, aux portes de Paris, et les plus rapprochées de nous. En 1837, alors que toutes ces contrées subissaient des désastres semblables, Ay était épargné. La Pyrale n'avait point disparu de ses vignes; elle y a opéré des ravages partiels, de 1820 à 1830. Les germes du fléau y sont encore, comme vraisemblablement dans toutes nos vignes. (Que nos viticoles y prennent garde!) Enfin, au moment où le fléau éclatait partout, il est resté à l'état de germe à Ay.

Cette contrée, si belle, si riche aujourd'hui, doit-elle ce bonheur au hasard, ou, pour parler un langage plus précis, à des circonstances inconnues? Le doit-elle à une culture de la vigne et à des soins plus assidus et plus nombreux que partout ailleurs? En nous tenant dans une réserve prudente quant à la solution de ces questions, et tout en résistant à nos sympathies, qui nous entraîneraient à répondre affirmativement à la dernière, nous dirons que le labeur et l'intelligence sont des moyens infaillibles de succès en toute chose et en tout lieu :

Aide-toi, Dieu t'aidera.

---

atteint qu'un seul insecte : Le papillon *Liparis Chrysorrhea*, espèce, il est vrai, fort répandue et très-nuisible. Il n'était guères possible de faire mieux dans une loi de police générale, qui ne pouvait subvenir à des nécessités locales ou circonstancielles, et telles sont, à l'exception de cinq ou six espèces communes partout, les nécessités résultant de la propagation des insectes nuisibles.

Renseignements sur la culture de la vigne, recueillis à Ay.

1° Tailler. — On commence cette opération à la saint Vincent, fin de janvier, quand il n'y ni a gelée ni neige.

On taille sur deux maîtres brins auxquels on laisse deux ou trois yeux sans compter la *couronne*. (On appelle ainsi l'insertion du bois de l'année précédente sur le vieux bois où poussent quelquefois deux ou trois yeux autour du brin). Les brins ainsi taillés sont recouchés en terre et recouverts. On marque alors les provins en cassant le bout des pousses qu'on réserve à cet effet. Quand on fait faire la vigne à la tâche, on donne pour la taille 1 fr. 50 c., par boisseau (1/37 d'hectare), soit pour l'hectare 55 fr. 50.

Un homme peut faire par jour un boisseau et demi, soit : 4 ares 6 centiares.

Les propriétaires qui ne connaissent point le travail de la vigne, ou qui ne sont pas sur les lieux doivent se méfier de cette manière de traiter avec les ouvriers. Car alors, pour aller plus vite et se donner moins de peine, l'ouvrier élague les brins les plus forts et les plus élevés qu'il serait plus long et plus difficile de plier et de maintenir en terre, et taillent sur de faibles branches latérales plus rapprochées du sol, et qui, naturellement courbées, sont plus facilement recouvertes par un peu de terre; mais, de cette façon, on laisse à la végétation des rameaux qui ne se couvrent guère que de feuilles, et des véritables branches à fruit on fait du bois à brûler. Aussi, les vignerons appellent cette manière de travailler, *mettre son vin dans le grenier*.

2° Houer ou Bêcher. — On donne un seul labour à la vigne. Il a lieu en mars, immédiatement après la taille; il ne se fait que par le beau temps. Cette opération coûte 93 francs l'hectare. On donne 2 fr. par jour et la nourriture, ou 2 fr. 50 c. par boisseau : un homme bêche par jour un boisseau et demi, soit : 4 ares 3 centiares.

3° Provigner. — Le provignage se fait après le bêchage, du commencement du mois d'avril à la saint Urbain, fin de mai. La vigne ne se provigne qu'à l'âge de deux ou trois ans, lorsqu'elle a deux ou trois brins solides, d'environ 35 centimètres de haut.

La plantation a été faite par lignes distantes de près d'un mètre, et dont chaque plant a été piqué à environ 50 centimètres l'un de l'autre.

En faisant le premier provignage, qui est général, on conserve les lignes de la plantation; seulement elles sont transportées dans les intervalles et plus serrées; chaque pied en fournissant deux ou trois par le provignage. Cette opération s'appelle *assiseler*. Un homme, aidé d'un enfant, pour porter l'amendement, fait par jour 43 centiares (une verge). Il reçoit 2 francs 50 centimes, et l'enfant 50 centimes; soit pour l'hectare 70 francs. (Un enfant peut donner l'amendement à deux ouvriers).

Il faut pour ce provignage deux tombereaux à un cheval, par verge, de fumier pour les terres froides, et de marnes argileuses, mélangé de fumier pour les terres chaudes, et quatre bottes et demie de bâtons, à 3 francs la botte.

Les deux années suivantes on ne provigne pas; la quatrième année, on provigne le tiers ou le quart, de manière à doubler les lignes, les plants non provignes restant sur la ligne du premier provignage, et ceux soumis de nouveau à cette opération, formant dans l'intervalle une nouvelle ligne aussi serrée que celle de l'année précédente, puisque chaque plant, soumis au provignage, fournit environ trois provins. Ce provignage s'appelle *retirer*. Un homme *retire* par jour 1 are 26 centiares (3 verges). On emploie le même amendement que pour le premier provignage. Il faut moitié bâtons en sus ; on continue ainsi d'année en année jusqu'à ce que la vigne soit ce qu'on appelle formée, c'est-à-dire suffisamment plantée, chaque plant étant à environ 20 centimètres des autres. Le provignage ordinaire, est d'environ 30 provins par 2 ares 70 centiares (par boisseau). On fait une fosse d'un pied, si l'on rencontre une vieille souche, on doit la détourner avec précaution ; on déchausse le plant à provigner ; on couche le provin jusqu'à deux bourgeons, et on le recouvre d'un panier à bras d'amendement.

Un ouvrier fait soixante provins pour deux francs. L'ouvrier infidèle coupe, pour se faire du bois, les vieilles souches au lieu de les détourner, ce qui amène ordinairement la mort du plant. Souvent aussi, l'ouvrier à la tâche, ne déchausse pas les pieds des provins, leur fait faire l'arc, et puis les coupe au bêchage, ce qui n'est pas moins nuisible au plant.

4° Ficher. — Les échalas se piquent dans le même temps que se font les provins. On donne 1 fr., par boisseau (2 ares 70 centiares).

5° Refuir ou labourer aux bourgeons. Il se fait, outre le bêchage, trois binages dans l'année. Le premier s'appelle *refuir* aux bourgeons (refouir, *refoderc*), a lieu après la fiche, fin de mai, lorsque la vigne a 20 centimètres environ de haut. On donne 75 centimes par boisseau (2 ares 70 centiares); un homme en fait trois par jour.

6° Rogner et lier. — Lorsque la vigne commence à fleurir, on la rogne à deux feuilles au-dessus du plus haut raisin; on lui laisse une hauteur égale de 66 centimètres. On donne pour rogner 3 francs par arpent de 43 ares 27 centiares. Un homme peut rogner en un jour un demi-arpent. Au fur et à mesure que la vigne est rognée, on la lie : on se sert de trois brins de paille d'avoine ou de seigle trempés, il en faut 40 kilog. par arpent de 43 ares 27 centiares, et elle coûte 10 centimes le kil. Une femme lie un boisseau et demi par jour (4 ares 3 cent.), et reçoit 2 francs.

7° Labourer après lier. — Quand la vigne est défleurie, on fait le deuxième binage; pendant cette opération, on rogne à deux feuilles les rameaux qui ont repoussé, et l'on héserbe à la main; en binant on *rencole* le cep, on relève la terre autour. Un homme fait par jour un boisseau (2 ares 70 centiares), et reçoit 1 franc 50 centimes.

8° Labourer après moisson. — Quand le raisin commence à teindre; on donne le troisième et le dernier binage : s'il est encore repoussé des brous et des herbes, on les ôte avant de sarcler; cette fois on *déchausse* la vigne, en creusant sous les raisins qui posent à terre. Un homme fait deux ares 70 centiares, ou un boisseau par jour, et reçoit 1 fr. 50 cent.

9° Vendanger. — La cueillette du raisin coûte, année moyenne 3 francs par boisseau; les vendangeuses sont payées de 75 c. à 2 fr. par jour. On paie

75 centimes, pour ramener et décharger le raisin; le marc paie le pressurage par l'eau-de-vie qu'on en tire : reste le droit de pressoir, qui est d'un seau pour deux pièces.

L'hectare de vigne à Ay donne, année moyenne, seize pièces de vin; en pleine année, trente-deux pièces, de 200 litres. Le vin blanc, première qualité, se vend, en moyenne, 150 francs.

On fait trois sortes de vin : le vin de première *goutte*, ou première *cuvée*, s'obtient par trois serres, coup sur coup, de raisins choisis, mis sur le pressoir le plus promptement possible, sans avoir été froissé. Au-delà de deux jours de vendange, le raisin donnerait un vin coloré.

Le second vin s'appelle *vin de taille*, parce qu'on l'obtient après avoir taillé le marc à 12 centimètres tout autour, et rejeté au milieu ce qu'on a enlevé aux bords. On donne trois serres à trois heures d'intervalle. Les produits se distinguent encore en première, deuxième et troisième taille. Enfin, le vin de *rebêche*, s'obtient après qu'on a pioché, *rebêché* le marc avec un croc; on y mêle quelquefois les raisins détournés pour leur qualité inférieure?

10° Hacher. — C'est ainsi que les vignerons d'Ay appellent l'arrachage et la mise en tas des échalas; cette opération coûte 1 franc 50 centimes les deux boisseaux et demi (6 ares 70 centiares).

Les échalas coûtent 3 francs la botte, en bonne qualité de quartier de chêne; ceux de cœur de chêne, peuvent durer vingt-cinq ans et plus, ceux d'aubier, six ans; il en entre deux tiers, et même moitié, dans les bottes. Il peut entrer 1,850 à 2,000 bottes dans un hectare bien planté. L'entretien annuel pour l'hectare est d'environ 37 bottes. Un hectare de vigne peut contenir environ 100,000 ceps.

A Cramant, environ 70,000 ceps.

11° Après la *hacherie* on replante les *culées*, on nomme ainsi le bas des vignes qui se trouve dégarni, parce qu'à la taille, la vigne se recouche toujours en montant : on *relève les chevets* (le haut des vignes), pour les garantir des passages des conducteurs de mulets; à cet effet, on bêche le haut de la vigne sur environ un mètre en descendant, on y émonde la vigne et on charge le plus qu'on peut de terre l'extrémité supérieure de la vigne qui touche au chemin.

12° Fumer. — En été, dans les intervalles des travaux, on a été chercher les marnes sur la montagne, on s'est procuré des fumiers, on a déposé les uns et les autres, dans des magasins établis de place en place, sur le bord du chemin. En hiver, quand il n'y a point de neige, le vigneron s'occupe à les transporter à la hotte dans les vignes, et les dispose par petits tas pour fumer la terre et pour servir au provignage. Les marnes coûtent 2 francs le tombereau, et le fumier 4 francs.

Le pineau noir est la principale espèce de vigne cultivée à Ay et dans les bons vignobles de la Champagne.

On en cultive à Ay quatre sous variétés, à peine distinctes par leur port; mais qui diffèrent par la qualité de leurs produits.

1° Le *plant doré*, le plus petit et le plus délicat de tous, mais aussi le meilleur quant à la qualité des produits.

2° Le *fort plant doré*, un peu plus fort que le précédent, grappes plus longues et un peu plus nombreuses, se rapprochant beaucoup du premier par la qualité.

3° Le *vert doré*, plus vigoureux que les deux premiers, plus productif, conservant les feuilles jusqu'après vendange, mais moins fin.

4° Le *plant gris*, plus productif et moins fin encore que le précédent, conservant moins bien sa feuille et plus sujet à pourrir.

C'est le fort plant doré et le vert doré qui sont en ce moment le plus répandus dans les territoires de Mareuil, Ay et Dizy.

Résumé par hectare des différents prix de façons mentionnés ci-dessus.

1° TAILLER. — 24 jours 2/3, à 2 fr. 25 c.	55f 50c
2° BÊCHER.	93 »
3° PROVIGNER.	75 »
4° FICHER.	37 »
5° REFUIR aux bourgeons.	27 75
6° ROGNER et LIER (paille comprise)...	65 »
7° LABOURER après lier.	55 50
8° LABOURER après moisson.	55 50
9° VENDANGER.	111 »
10° DROITS de pressoir. 1 seau pr 2 pièces.	70 »
11° ÉCHALAS.	111 »
12° ARRACHAGE.	20 »
13° FUMIER.	222 »
TOTAL.	998 25

PLANCHE I.

Insectes nuisibles à la vigne.

1 Cep de vigne au printemps, sur lequel on aperçoit les petites chenilles de pyrale qui y ont passé l'hiver enveloppées dans leurs cocons ; un grand nombre en sont sorties et commencent à envahir les bourgeons.
2 Portion de l'écorce grossie, pour montrer les cocons dont plusieurs sont ouverts.
3 Pousse de vigne plus avancée. Chenilles se laissant tomber d'une feuille à l'autre. Leurs ravages sont déjà faciles à remarquer.
4 Chenille de grandeur naturelle et arrivée au terme de son développement.
5 Chrysalide de pyrale.
6 Papillon femelle déposant sa ponte sur les feuilles.
7 Papillon mâle de la pyrale.
8 Chenille de la teigne de la vigne (1re génération) dans la jeune grappe après la floraison.
9 La même (2e génération) dans la grappe, au moment de la maturité.
10 Papillon de la teigne de la vigne.
11 et 12 Le même les ailes repliées.
13 Attelabe ou rynchite du bouleau, vulgair^t *la Cunche*.
13' Le même grossi.
14 La larve de grandeur naturelle.
14' La même grossie.
15 Pédoncule incisé et feuille roulée par l'attelabe.
16 L'eumolpe de la vigne, vulgair^t *le Gribouri*.
16' Le même grossi.
17 Feuille de vigne rongée par le gribouri.

INSECTES NUISIBLES A LA VIGNE.

1-7. Pyrale de la vigne. 8-12. Teigne de la grappe.
13-15. Attelabe (vulg. Cinche.) 16.17. Eumolpe (vulg. Gribouri.)

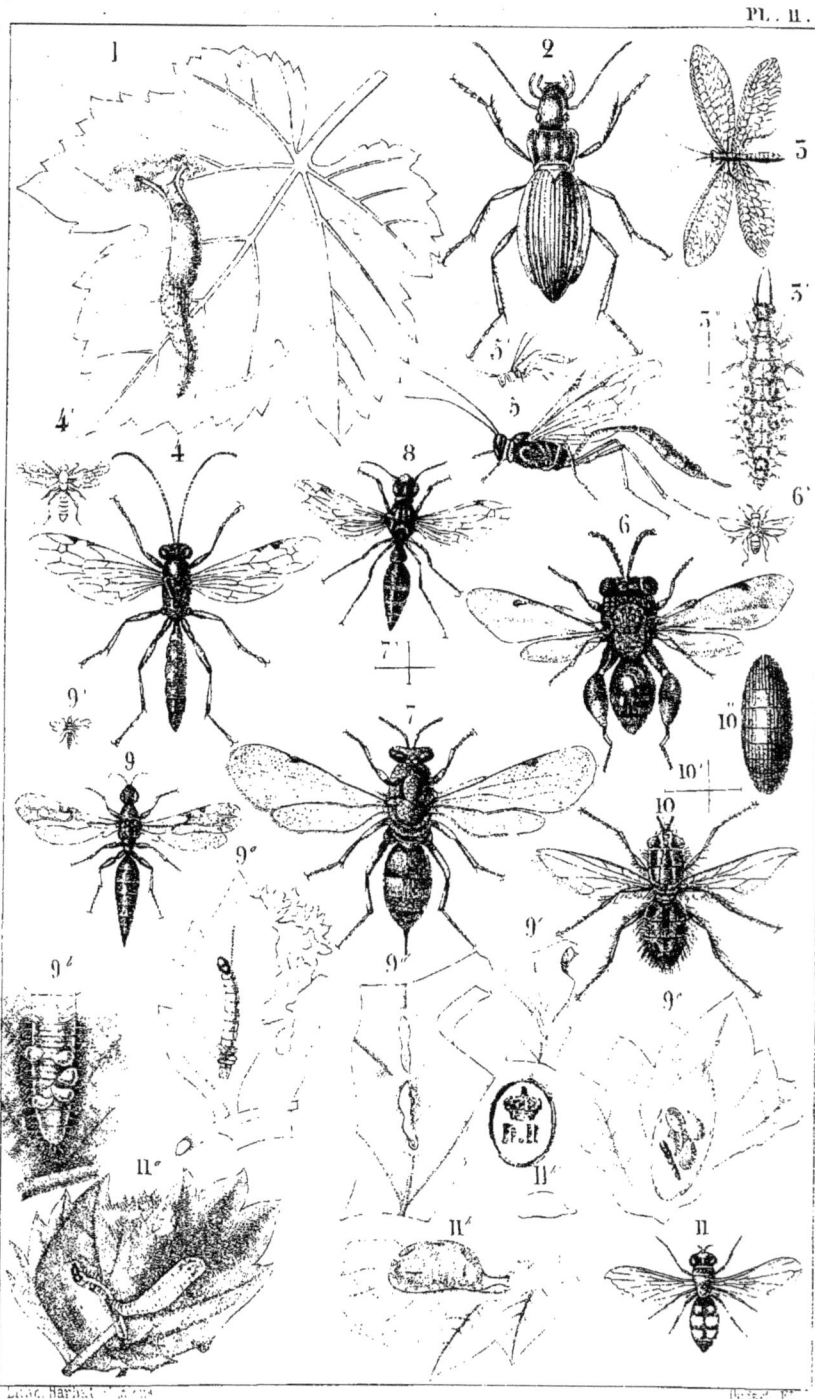

PLANCHE II.

Insectes destructeurs des espèces nuisibles à la vigne.

Mollusques.

1 Limace agreste, *Limax agrestis* (Linné), mangeant les pontes de la Pyrale.

Insectes.

COLÉOPTÈRES. — FAMILLE DES CARABIQUES.

2 Carabe doré, *Carabus auratus* (Linné), vulgair.t Jardinière, Bête du bon Dieu. Espèce carnassière et très-répandue. Un autre carabique de grande taille et tout noir, le Procruste chagriné, *Procrustes coriaceus* (Bonelli), commun dans nos vignes, y rend les mêmes services. Utiles à l'état parfait et à celui de larve.

NÉVROPTÈRES. — FAM. DES MYRMELEONIENS.

3 Hémérobe perle, *Hemerobius perla* (Linné). — 3' Sa larve grossie. — 3" Trait indiquant la longueur naturelle de cette larve. Utile dans cet état.

HYMENOPTÈRES. — FAM. DES ICHNEUMONIENS.

Larves utiles, parasites.

4 Ichneumon mélagone, *Ichneumon melagonus* (Gravenhorst), grossi. — 4' Grandeur naturelle.

5 Anomalon jaunâtre, *Anomalon flaveolatum* (Gravenhorst), vu de profil, grossi. — 5' Grand.r natur.lle.

FAM. DES CHALCIDIENS.

Larves utiles, parasites.

6 Chalcis petite, *Chalcis minuta* (Linné), vue en dessus, grossie. — 6' Grandeur naturelle.

7 Diplolépe cuivrée, *Diplolepis cuprea* (Spinola), femelle grossie. — 7' Ses dimensions naturelles.

FAM. DES EUMÉNIENS.

Utiles à l'état parfait et à celui de larve.

8 Eumène zonal, *Eumenes zonalis* Audouin), *Vespa zonalis panzer* (Penzer).—Cet insecte, à l'état de mouche, saisit les chenilles de Pyrale avec ses mandibules, les emporte dans son nid et après les avoir stupéfiées avec son aiguillon et la liqueur vénéneuse qu'il conduit, les laisse déposées près de ses œufs, de manière à leur laisser assez de vie pour attendre l'éclosion des jeunes larves, qui en font leur pâture.

FAM. DES OXYURIENS.

Utiles à l'état de larves.

9 Béthyle, fourmi, *Bethylus formicarius* (Panzer), grossi. —9' Grandeur naturelle. — 9ª Ses larves attachées au corps d'une chenille de Pyrale.—9ᵇ Les mêmes grossies.—9ᶜ Nymphes du béthyle dans un cocon demeuré inachevé. — 9ᵈ Les mêmes grossies. — 9ᵉ Cocons de béthyle, achevés, fixés sur une feuille de vigne, auprès de la dépouille de la chenille qui a servi de pâture aux larves.

DIPTÈRES. — FAM. DES MUSCIDES.

Utiles à l'état de larve.

10 Mouche des jardins, *musca hortorum* (Meigen), grossie.—10' Ses dimensions naturelles.— 10" Coque où la larve est renfermée pour passer à l'état de nymphe. Grossie.

FAM. DES SYRPHIENS.

11 Syrphe hyalin, *Syrphus hyalinatus* (Meigen. Femelle de grandeur naturelle.—11ª Sa larve attaquant une chenille de pyrale.—11ᵇ Nymphe du même insecte, fixée sur une feuille de vigne, vue de profil et grossie. — 11ᵇ' Grandeur naturelle. Cette coque, comme celle de l'insecte précédent, est formée par la peau même de la larve, qui s'est séchée et endurcie.

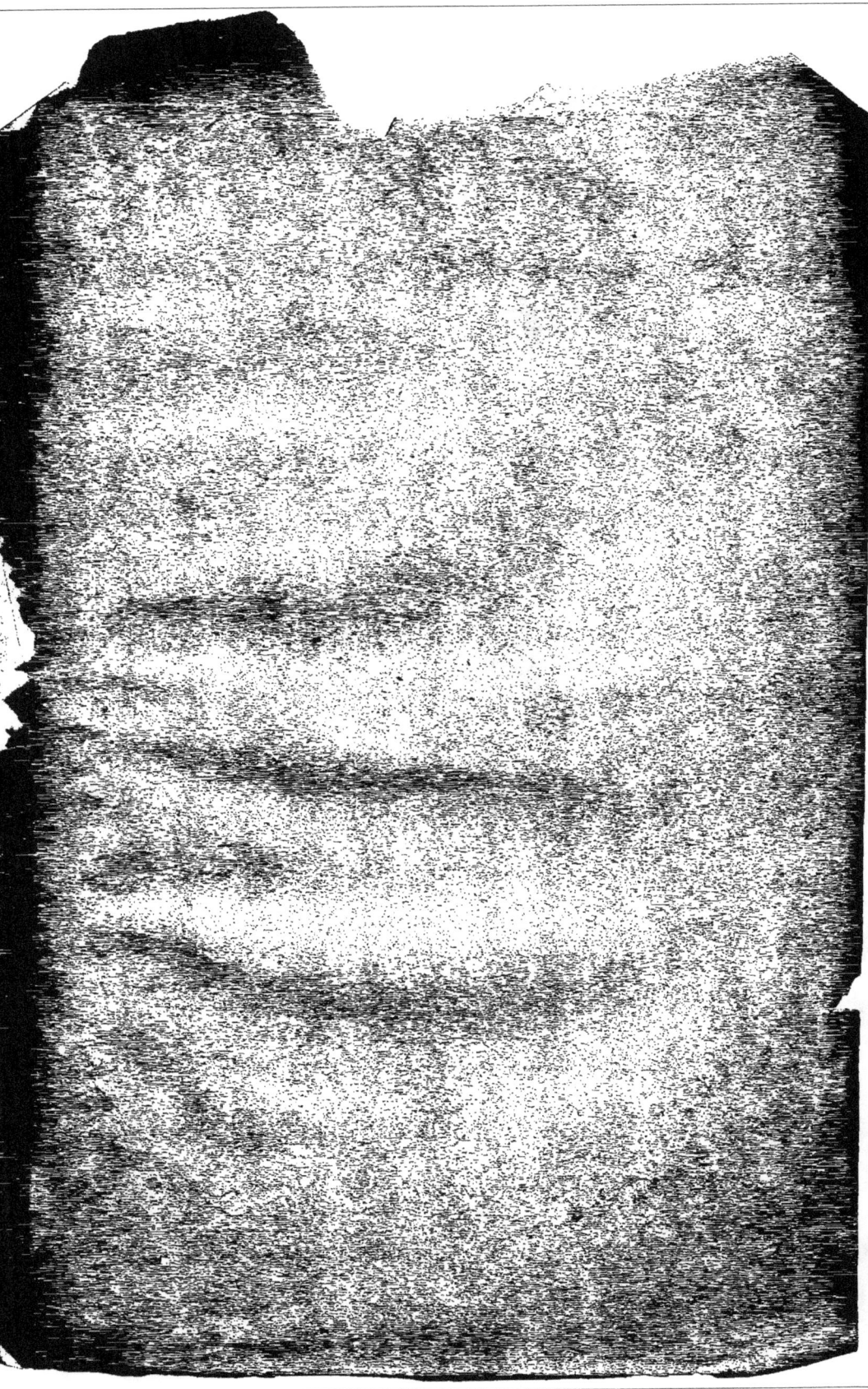

www.ingramcontent.com/pod-product-compliance
Lightning Source LLC
Chambersburg PA
CBHW071346200326
41520CB00013B/3124